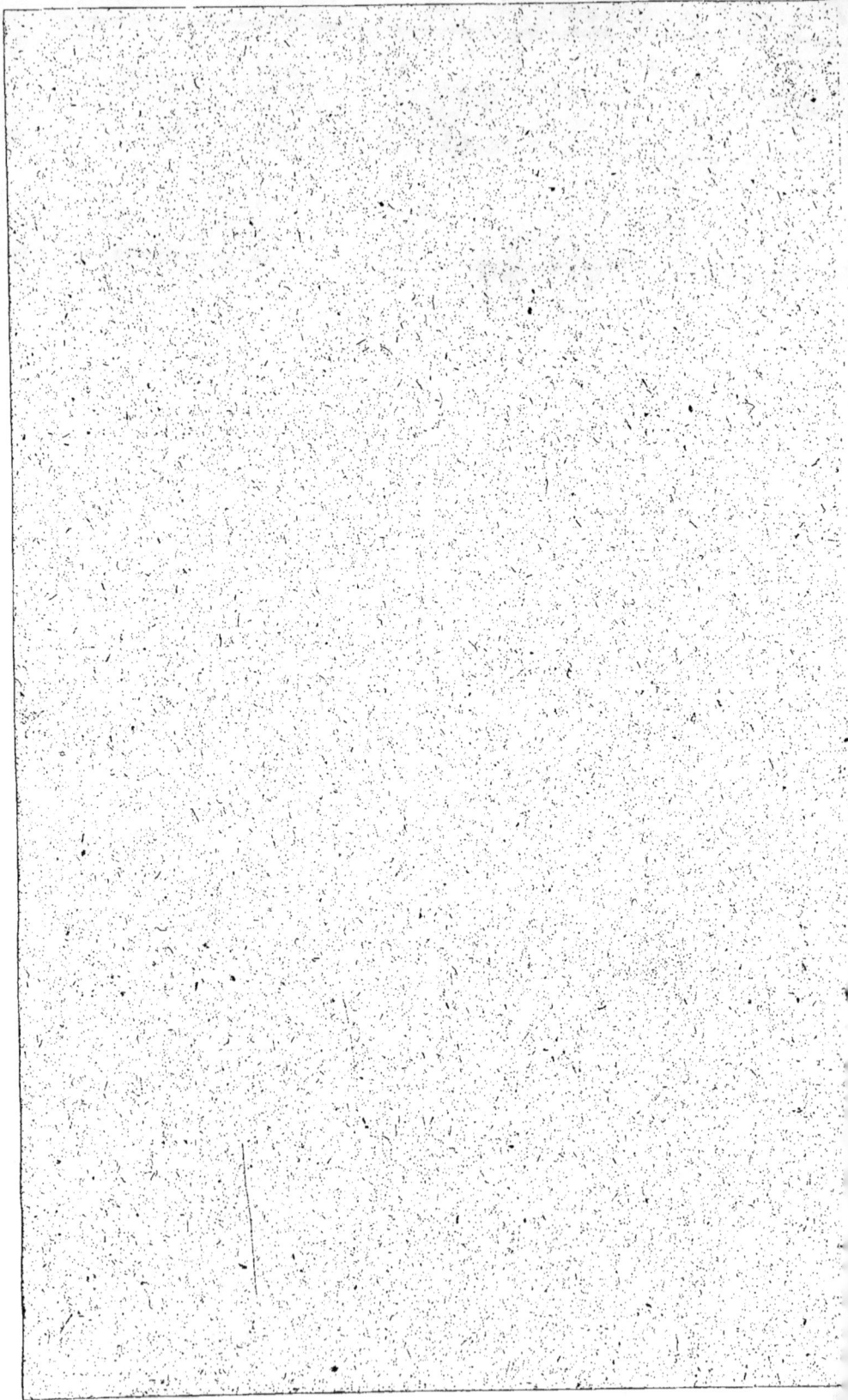

ANIMALISME

OU EXPLICATION DES

PHÉNOMÈNES PHYSIOLOGIQUES

DES

VÉGÉTAUX ET DES ANIMAUX

PAR LES

ANIMALCULES

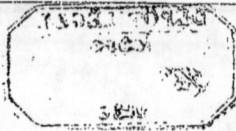

ANIMALISME

OU EXPLICATION DES

PHENOMÈNES PHYSIOLOGIQUES

DES

VÉGÉTAUX ET DES ANIMAUX

PAR LES

ANIMALCULES

Alfred Berruyer.

GRENOBLE.

MAISONVILLE & FILS IMPRIMEURS - LITHOGRAPHES
rue du Quai, 8.

1866.

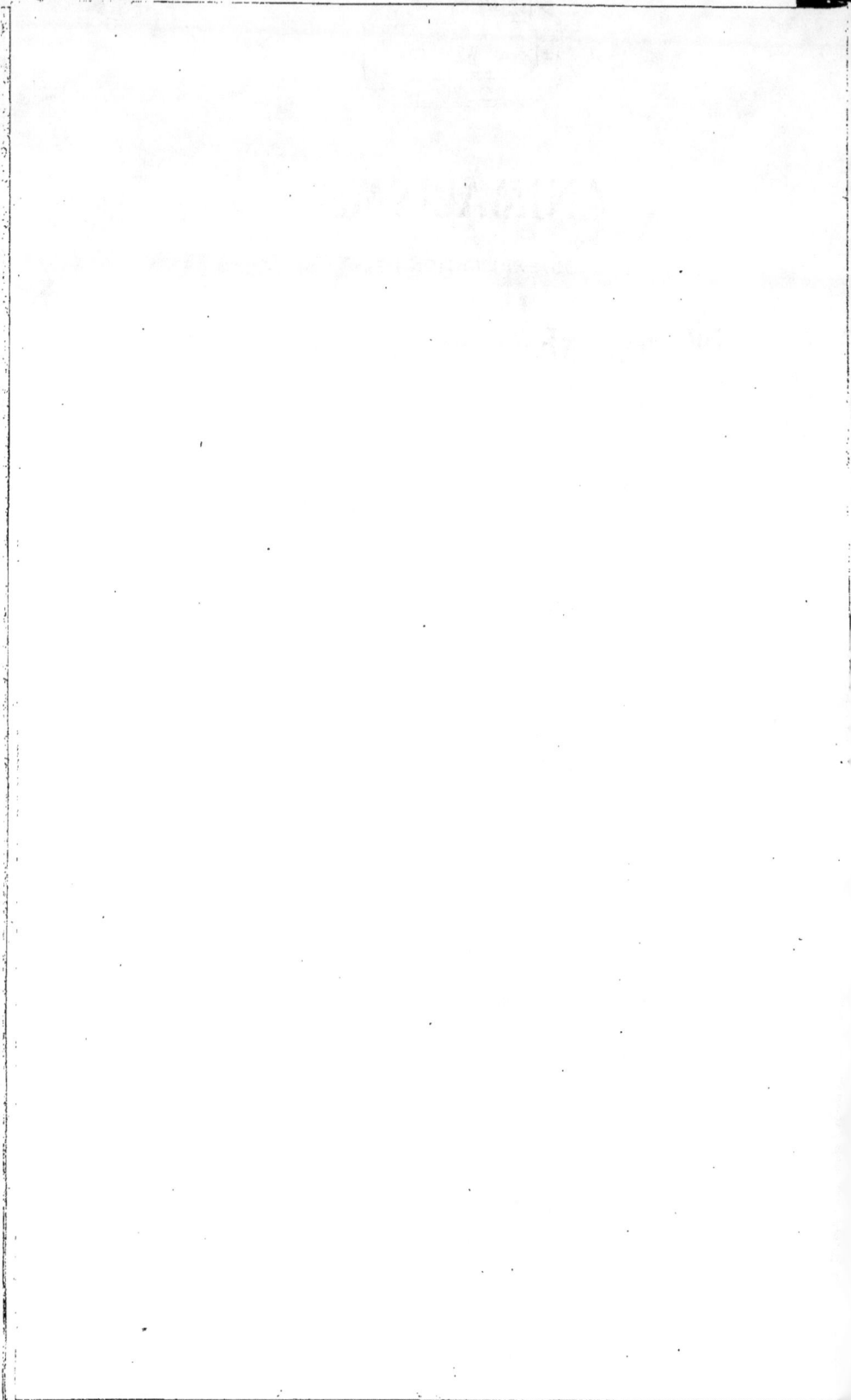

I.

Nous croyons que les végétaux et les animaux ne vivent physiologiquement qu'à l'aide des animalcules divers qui composent toutes leurs parties constitutives et qui se répandent, par la sève et le sang, dans tous leurs organes, avec la mission de les développer, de les nourrir, de les accroître, et de les reproduire, tout en se multipliant eux-mêmes, suivant les lois qui leur ont été dictées par le Créateur.

Nous trouvons cette pensée écrite dans la nature sur chaque feuille d'arbre, sur chaque membre d'individus aussi bien que dans l'ensemble de tous les corps organiques. Bien plus, elle nous paraît empreinte dans l'esprit de tous les savants qui interprètent la nature sans parti pris. Si nous nous empressons de la formuler, malgré nos faibles forces, c'est uniquement pour remplir une lacune dans les ouvrages utiles et la vulgariser, en la débarrassant des formules scientifiques.

Les divers phénomènes vitaux, que nous ne cessons d'observer, ne pouvant être expliqués d'une manière satisfaisante pour notre raison, avec les seules ressources de nos connaissances acquises, il est naturel que nous cherchions des solutions plus concluantes dans les principes d'un système, d'où elles découlent comme d'une source vive, claire et abondante.

Le sujet est très-grand ; il faudrait être écrivain de profession pour le traiter avec des chances de succès. Aussi, nous nous bornons à l'esquisse, en abandonnant aux hommes supérieurs la tâche de l'étudier et de le rendre avec tous les développements et les ornements qu'il comporte.

D'ailleurs, dans un champ aussi vaste, nous avons à poser des limites. Il est bien évident pour tout le monde que si, dans l'univers infini qui nous enveloppe de toutes parts, nous voulions pénétrer les cieux jusqu'à leurs extrémités, diviser la matière en corpuscules intangibles et compulser les essences spirituelles pour arriver aux causes premières, notre raison s'épuiserait sans pouvoir dévoiler, après maints efforts, le moindre des mystères de la création.

Mais se contenter de reconnaître sur notre globe des minéraux, des végétaux et des animaux, en expliquant leurs conditions d'existence par des effets purement mécaniques ou physiques, sans chercher les modes d'action des lois physiologiques, c'est trop réduire les connaissances humaines, comme de ne voir dans le firmament que des points brillants faits pour orner la voûte céleste, c'est se priver des jouissances que peuvent nous procurer la contemplation des astres et l'harmonie imprimée dans leurs mouvements par l'action sublime de Dieu.

En astronomie, on est toujours condamné à accepter pour vrai ce qu'on ne peut toucher. En physiologie organique, notre raison admet le système qui résoud le plus facilement les questions difficiles, sans qu'il soit nécessaire de tout voir. Néanmoins, le chemin qu'a parcouru notre esprit peut être suivi facilement par tout le monde. Une fois la route tracée, si le terrain paraît solide, les observateurs consciencieux sauront, à l'aide d'instruments puissants, en améliorant encore la voie, nous offrir des horizons plus vastes et plus intéressants.

II.

Quand nous examinons légèrement le monde et nos œuvres, nous pouvons croire que les monuments sont sortis tout bâtis de la tête des architectes ; que les machines compliquées ont été coulées d'une seule pièce par les ingénieurs ; que les minéraux sont inertes et voués éternellement à leur état compact ; que les végétaux se développent sans trace de vie organique, et que les animaux sont autant de jolies créatures qui se meuvent comme par enchantement.

Nous sommes comme les voyageurs qui se contentent d'admirer l'ensemble des pays qu'ils visitent et qui ne veulent voir que les masses qui se dessinent fortement devant leurs yeux. Ce sont des vallées fertiles parcourues par de grands fleuves, relevées par des villes superbes, encadrées par des montagnes abruptes et couronnées par des cieux azurés. Cela leur paraît le seul beau des voyages. Souvent notre esprit n'en demande pas davantage ; mais connaître la composition des roches, les essences des végétaux, les variétés des animaux, les mœurs des peuples, le style des édifices et les éléments de l'atmosphère, c'est encore du beau, c'est même du nécessaire pour les esprits perspicaces qui sont avides de connaissances variées et étendues.

L'homme pousse ses investigations aussi loin que possible pour reculer sans cesse les limites de la portée de sa raison ; il monte des régions inférieures de sa planète aux globes les plus élevés dans le ciel ; il reconnaît sous ses pieds un centre igné, et, tout autour de lui, dans l'immensité infini, des astres gravitant dans l'espace suivant des lois admirables ; il est impatient de se rendre un compte exact des phénomènes naturels, en regrettant, ce qui fait son désespoir, de ne pouvoir pénétrer les causes premières et les qualités propres qui s'abritent derrière le grand voile des mystères.

Nous pouvons reconnaître dans un monument la variété des matériaux et les façons des légions d'hommes qui ont coopéré à son édification, comme nous pouvons distinguer le moteur d'une machine des soins apportés par les ouvriers spéciaux qui ont exécuté les engrenages, sans perdre de vue la destination de l'un et le but du travail de l'autre.

Nous croyons sans difficulté que les masses minérales qui recouvrent notre planète étaient précédemment fluides aériens, puis fluides incandescents et qu'elles sont enfin devenues solides. Nous ne doutons pas qu'une infinité de pierres calcaires d'une grande étendue n'aient été produites par des animalcules ou zoophytes. Nous ne nous effrayons pas à la pensée admise que les végétaux *sont* des corps organiques qui ont une vie propre et que leur sève pourvoit à leur accroissement et à leur reproduction. Nous ne pouvons douter de la vie des animaux qui se meuvent guidés par leurs instincts, et nous ne refusons pas à l'homme avec la vie et la raison l'âme immatérielle, intelligente et immortelle qui lui a été donnée par Dieu.

III.

Si nous nous élevons davantage, nous découvrirons au-delà de nos vallées des horizons plus spacieux, et par dessus nos montagnes, de nouvelles aspérités sé-

parées des premières par de nouvelles anfractuosités ;
nous verrons que les terrains sont couverts de végétaux qui, par des développements ordonnés, s'étalent
au soleil et prennent part à la vie organique, et que
les champs sont envahis par des millions d'animaux
qui se livrent à de joyeux ébats, assez souvent en se
précipitant sur leurs proies ; nous reconnaîtrons que
les cités sont parcourues par des êtres de races différentes qui vaquent aux fonctions les plus infimes
comme aux actions les plus glorieuses, et nous reconnaîtrons que les eaux, en outre des poissons qui
vivent dans leurs seins, sont pleines de germes de
végétaux et d'animaux invisibles, et que l'air, sillonné
par des oiseaux, occupé par des vapeurs, est embaumé
par des arômes ou infecté par des émanations putrides,
qui ne sont aussi que des insectes ou des germes invisibles. Alors notre raison comprendra que, tout
étant soumis à composition ou organisation et décomposition ou fermentation, les véhicules de cette action
alternative et incessante sont cachés ou apparents,
inertes ou vivants.

En regardant de plus près, nous pourrons suivre
les abeilles pour les voir confectionner et entretenir
sous nos yeux leur ruche commune, avec un art
non moins remarquable que tout ce que peuvent
nous offrir les êtres organiques dans leurs contextu-
res complexes, et noter l'empressement que mettent
les fourmis, après un désastre, à réparer leurs logis
et à chercher des abris pour leurs larves.

Nous remarquerons les arbres se développer, se

nourrir et se reproduire suivant des lois qui ne permettent pas de leur contester la vie, pas plus qu'aux animaux qui n'en diffèrent que par des instincts particuliers et par des mouvements progressifs.

Au milieu d'un spectacle si grandiose et si splendide, pénétrés du juste sentiment de la petitesse et de la nudité de notre corps, qui semblent nous livrer à la merci des bêtes féroces et à l'action des intempéries des saisons, en même temps que fiers de la sublimité de notre âme, qui nous place à la tête de toutes les créatures, nous nous empressons de louer Dieu, de lui rapporter nos impressions, de lui dédier nos pensées et d'admirer sa grandeur, sa sagesse et sa toute-puissance dans l'ordre admirable qu'il a su mettre en toute chose.

Bientôt, après cette courte prière qui rafraîchit notre âme et calme notre esprit, nous sentons les forces vives de notre être nous abandonner pour nous livrer aux douceurs d'un repos qui, quoique nécessaire, n'est pas moins remarquable que la phase du travail.

Au réveil, notre première préoccupation est de savoir si ce repos n'est pas une illusion : nous avons tant vu, tant comparé et tant combiné nos idées que nous ne pouvons pas croire tout d'abord que nos forces se soient ravivées et que notre esprit ait pu acquérir de nouvelles ardeurs. Cependant, nous parcourons avec toute la fraîcheur de pensée désirable les phénomènes physiologiques, et nous remarquons encore, ce que nous nous empressons de constater avec un nouveau courage, que notre rêve est une réalité, que les animalcules qui veillent à notre existence pendant le sommeil de nos forces vives peuvent participer aux actes de notre intelligence, et que rien ne peut être plus vrai dans l'ordre physique que les bases du système qui fait considérer les animalcules nombreux et variés comme les véhicules de la vie des corps organiques.

IV,

Pour développer maintenant les bases de l'animalisme, il n'est pas nécessaire d'envisager les grandes questions qui sont posées au-dessus de notre sujet. Nous nous bornons à voir la vie partout, mais surtout dans les corps organiques, c'est-à-dire dans les végétaux et dans les animaux.

Cependant, nous ne pouvons regarder un grain de sable sans penser qu'il peut y avoir en lui de la matière et des animalcules vivants infiniment petits, et que l'affinité de ces molécules pourrait être entretenue par l'amour ou la volonté de ces corpuscules. Conséquemment, nous pourrions croire que l'attraction des corps n'est que la résultante des sympathies des principes vivants qui occupent ces corps et que la gravitation des astres ne serait sollicitée que par les forces vives et latentes qui les constituent.

Partout où nous voyons l'esprit, nous reconnaissons la vie et le mouvement avec accompagnement de chaleur et d'électricité, que nous considérons comme les

organes nécessaires de l'union de l'esprit à la matière. Mais, au-dessus de tout cela, nous sommes
bientôt condamnés à nous abriter dans le sein de
Dieu pour ne plus voir que son intelligence suprême
qui rayonne dans, sa création, en imprimant aux
corps organiques, comme à tout l'univers, ses lois
productives et harmoniques qui se confondent dans
son amour infini et sa toute-puissance.

Nous nous bornons donc à repasser tranquillement
dans notre esprit tous les sujets de nos observations
attentives, en tenant compte des connaissances acquises, et en profitant des résultats des expériences
faites, pour tirer, comme conclusion finale, l'animalisme ou l'explication des phénomènes physiologiques des végétaux et des animaux par les animalcules.

Le madrépore, le polype, la plante aquatique,
l'arbre terrestre, le zoophite, le vermisseau et l'animal
vertébré, tels sont les seuls échelons de l'échelle pro-
gressivede la création sur lesquelles nous nous arrê-
terons, pour y découvrir les animalcules, avec leurs
conditions d'existence et leurs fonctions organiques.

Tout d'abord, en l'état de la science, il nous a
semblé que la sève ne pouvait pas monter constam-
ment dans certains sujets et alternativement dans
d'autres, suivant les saisons, par la seule sollicitation
de l'évaporation et de la décomposition de l'air ou
du milieu ambiant, et encore moins par les forces ascen-
sionnelles de la capilarité, qui n'auraient plus de
raison pour les plantes aquatiques. Les explications

qui nous sont données ne nous montrent pas suffi-
samment comment les tiges, les feuilles, les fleurs
et les fruits, variés pour chaque sujet, peuvent être
produits sans moteur vivant et sans la volonté spé-
ciale de véhicules organiques soumis à des lois fixes,
et doués de qualités propres.

De même notre esprit se refuse à croire que le
sang, qui est épais et gluant dans la plupart des animaux, ravivé par l'air à l'aide des poumons qui font
office de soufflets, alimenté par la nourriture décom-
posée dans l'estomac, poussé par le cœur comme
par une pompe aspirante et refoulante, puisse circuler, par les artères, dans toutes les parties du corps
jusques dans l'intérieur des os les plus compacts,
jusqu'aux derniers rameaux des plumes et jusqu'aux
pointes les plus fines des poils, pour ensuite revenir
au point de départ par les veines, sans autre sollicitation que l'aspiration mécanique du cœur. Cette
circulation de la sève et du sang pourrait être produite par des forces agissant suivant des lois fixes et
variées que nous ne connaissons pas ; mais il nous
paraît impossible qu'elle puisse être produite par
celles signalées, quelques habiletés de langage que
l'on ait apportées dans leurs descriptions.

Suivant nous, la sève et le sang n'étant que des
composés d'animalcules imprégnés de liquides, que
l'on peut voir avec des instruments puissants, différents et variés suivant les genres et les espèces, et
même dans chaque sujet, le mouvement circulatoire
n'est plus que le résultat de leur existence, suivant

les lois qui leur ont été assignées, et les produits organiques, que les résultats de leur action volontaire,
suivant les aptitudes propres avec lesquelles ils ont
été créés.

Nous nous appliquons à voir les animalcules différents et variés dans les végétaux et les animaux par
leurs effets vraisemblables, en attendant qu'il nous
soit donné de les voir tous effectivement par des expériences minutieuses faites sur le vif. En l'état, le
doute ne pouvant exister pour nous, nous raisonnons
comme si les résultats nous étaient tous acquis.
Enfin, si nous sommes jamais accablé et convaincu
par des preuves certaines, nous nous consolerons en
pensant que nous n'avons accordé nos préférences
qu'aux explications les plus ingénieuses et les plus
vraisemblables, et que l'on nous trouvera toujours
disposé à accepter les vérités les plus éclatantes dès
que la lumière sera faite.

V

Dieu a créé des êtres différents pour leur per-
mettre de séjourner ou visiter toutes les régions de
la terre, chacune selon les conditions de son existence, en raison des climats et des hauteurs.

Dans les mers, à une certaine profondeur, à peu
de chose près toujours la même, nous pouvons voir,
à l'œil nu, de petits insectes madréporiques qui s'im-
plantent sur le sol sous-marin et trouvent dans l'eau

ambiante les éléments nécèssaires pour leur existence, leur accroissement, leur multiplication et leur
reproduction. Ces madrépores, par leurs sécrétions
on déjections accumulées autour d'eux, produisent
des récifs, des roches considérables et des îles en-
tières. Ces produits sont autant de monuments gi-
gantesques qui ont été élevés par des animalcules et
qui n'en servent pas moins dans l'édification des palais les plus sompteux de nos souverains.

Les polypes, dont les variétéssont nombreuses, produisent aussi dans les mers des masses rocheuses à ex-
pansions foliacées qui peuvent être comparées, dans
leur ensemble, à des forêts de pierre et, dans leurs
détails, à des arbres isolés en pierre en tout pareils,
par la forme, à nos arbres terrestres. Les arbres-pierres,
à l'exclusion des infiniment petits, que nous négli-
geons toujours, n'ont pas d'autre existence que celles
mêmes des animalcules qui les habitent et les accroissent en se multipliant et se reproduisant dans
des couches parées comme les fleurs de certains arbres terrestres.

Si des animalcules vivants et visibles à l'œil nu,
qui ont été observés et décrits par les plus grands
naturalistes, savent faire ces beaux arbres-pierres,
ces coraux aussi remarquables que précieux, pour-
quoi des animalcules de races différentes, destinés à
vivre dans les eaux et sur la terre, à diverses hauteurs, ne pourraient-ils pas construire les plus belles
plantes de nos forêts aquatiques et terrestres?

Les polypes, ou animalcules des polypiers, en

construisant leurs arbres ou demeures dans des eaux
qui leur offrent les aliments suffisants et une température convenable, à peu près toujours les mêmes,
se contentent d'agréger leurs sécrétions par super-
positions cellulaires massées ou branchées, tigées et
foliées, sur de bonnes bases, sans pousser des racines dans le sol, sans se ménager des canaux ou
moëlles dans les ramifications, sans déposer des aliments triturés dans les réservoirs ou aubiers et sans
disposer autour d'eux leurs déjections en couvertu-
res ou écorces, tout autant de choses qui leur paraissent inutiles ; mais dès que leurs demeures ont atteint
une certaine hauteur voisine de la surface de l'eau, ils
sont condamnés au déplacement ou à la mort, par les
variations de la température et la rareté des aliments,
défauts qui n'existaient pas dans les régions inférieures,
et contre lesquels ils n'avaient pas dû se prémunir.

Nous devons distinguer dans ces arbres primitifs
sous-marins, la pierre de l'animal, comme nous distinguons, dans une ruche, les abeilles de leurs produits cellulaires-mielleux. La pierre est minérale,
tandis que l'animalcule est corps organique.

Conséquemment, quand les animalcules plus complexes que les polypes ont eu à chercher leur nourriture, non-seulement dans l'eau, mais encore dans le
sol, et qu'ils ont eu à se préserver des variations de
la température et des courants, pour pouvoir habiter
le plus de régions possibles dans les terrains recou-
verts par les eaux, ils ont dû pousser des racines
dans le sol et des branches dans l'eau, en ménageant

dans toutes les ramifications des moëlles, des canaux
et des cellules pour circuler librement, s'abriter à
volonté, respirer à l'aise, prendre leur nourriture en
tous points, déposer leurs larves, enmagasiner leurs
butins, tout en se réservant de les accroître, en raison de leur multiplication, de leur adjoindre des
feuilles pour se mettre au beau temps le plus en contact possible, comme dans des belvédères, avec le
milieu ambiant, et de se livrer à la reproduction
dans des couches ou fleurs merveilleuses. C'est exac-
tement ce qui arrive pour les plantes aquatiques.

Dans ces plantes les animalcules vivent aussi indépendamment de leurs constructions que les polypes
de leurs produits pierreux. Mais comme cette vie
distincte n'est pas apparente à l'œil nu, qu'elle n'est
constatée que par des expériences récentes, et
qu'elle est dispersée dans toutes les parties de chaque sujet, il n'est pas étonnant qu'on ait regardé
les plantes elles-mêmes comme corps vivants ou
corps organiques.

Ces végétaux aquatiques vivent dans certaines latitudes, à des hauteurs à peu près fixes pour chaque
espèce. Quelquefois leurs animalcules ont besoin de
saisir des aliments dans l'air libre, alors ils prennent leur développement jusques sur, ou au-dessus
de la surface des eaux. Évidemment ceux de ces espèces, qui auraient été placés dans des fonds trop
bas, ne pourraient pas atteindre leur développement
complet ou seraient morts-nés.

Pour les plantes terrestres tout se passe comme

dans les plantes aquatiques. Les animalcules qui les constituent circulent avec la sève, s'introduisent par les racines dans les terrains et les roches les plus dures, pour y fixer leur attaches et y prendre les éléments nécessaires, s'épandent dans l'air par des branches divisées et subdivisées pour y puiser leur nourriture, se ménagent dans toutes leurs ramifications des moëlles, des cellules et des pores pour se mouvoir aisément, déposer leurs butins et aspirer et respirer librement, évincent leurs déjections inutiles pour s'en faire des abris ou écorces, s'étalent à l'air dans leurs éventails ou feuilles, se livrent à leurs plaisirs dans leurs fleurs et assurent la reproduction en entourant les germes de sucs alimentaires accumulés dans les fruits ou graines.

La vie de ces végétaux paraît être inhérente au bois. Cependant l'existence végétative d'un arbre ou d'une plante n'est que dans les animalcules qui en composent tous les organes humides, tandis que les corps ou demeures sont aussi matières inertes que les roches madréporiques que nous avons vues au début. Cette distinction pourra donner lieu à des classifications des corps, autres que celles admises dans les sciences naturelles.

Comme pour les végétaux aquatiques, les végétaux terrestres vivent dans des latitudes spéciales, à des hauteurs à peu près fixes pour chaque espèce. Les variétés constituées avec des goûts et des appétits différents les dispersent dans presque toutes les parties de la terre, quels que soient les hauteurs et les climats.

Les animalcules constitutifs de certains zoophytes développent leurs demeures fixés au sol en composant leurs ramifications avec des fils nerveux, croisés et reliés comme les fils d'un filet ramassé, en se logeant dans les interstices, comme les mousses dans les cordages d'un navire, pour les mouvoir par leurs contractions, suivant les résultantes de leurs volontés particulières. Chaque variété d'un sujet, selon sa nature et ses aptitudes, se dispose dans certaines parties de manière à former des ensembles remarquables par les divers organes ou fonctions spéciales. Souvent ils affectent la forme de belles fleurs avec des couleurs très-variées. Tous se livrent à la poursuite de leurs proies, contenues dans les eaux ambiantes, en effectuant des mouvements qui sont visibles.

Dans ces fleurs marines ou aquatiques nous avons de véritables animaux dans lesquels les animalcules se confondent avec leurs sujets. On doit encore y voir, dans chaque partie, des membres musculaires susceptibles de se mouvoir dans tous les sens. Ces animaux sont attachés par leur base au sol, parce qu'ils trouvent dans l'eau, pendant toute leur existence, les aliments qui leur sont nécessaires pour leur accroissement, leur multiplication et leur reproduction.

Ils sont considérés comme des végétaux-animaux, parce qn'ils se meuvent tout aussi bien que les animaux primitifs, et parce qu'ils sont fixés au sol comme des végétaux, quoiqu'ils ne soient que de véritables animaux.

Nous avons dans ces zoophytes, à l'état rudimentaire, le mode d'action des animalcules dans les muscles des animaux et leurs dispositions dans les fleurs des végétaux, qui ne nous offriront rien de plus surprenant ni de plus extraordinaire, même dans les sujets les plus parfaits.

Les vers de terre et beaucoup d'autres mollusques nous présentent des animaux pareils à l'une des parties de ces zoophytes. Ce sont des muscles composés comme les précédents avec abdomens et terminaisons capitales et caudales. Les animalcules sont logés dans les filaments tissés et disposés en anneaux, pour exécuter des mouvements de progression, engloutir leurs aliments, les digérer au passage et rejeter les portions inutiles.

Ces animaux ont une vie propre qui est distincte des corps. L'instinct, quoique peu développé, existe indépendamment des animalcules constitutifs qui lui sont subordonnés par un intérêt général ; cet instinct où les animalcules instinctifs ne sont pas réunis comme dans les animaux plus élevés dans l'échelle des êtres vivants, puisque leur unité est subdivisible et que la vie persiste dans toutes les parties du corps après la division, en conservant des constitutifs et des instinctifs pour chaque nouveau sujet.

Nous avons dans cet ensemble un être vivant, très-simple en apparence, qui est susceptible de mouvements progressifs aussi ingénieux que ceux des reptiles rampants, dont les animalcules sont plus variés et mieux distribués.

Les animaux vertébrés, complets, nous offrent des combinaisons si multiples et si extraordinaires, quoique nous ayons déjà tous les éléments nécessaires dans les sujets inférieurs, que nous ne pouvons espérer les saisir dans tous leurs détails et les décrire avec l'exactitude désirable. Nous nous contenterons donc de ce qui nous est humainement possible.

Dans le reptile rampant, comme dans les vers, nous voyons les instinctifs et les musculaires. Seulement les instinctifs se résument dans la tête, en conservant les fibres ou nerfs pour guider tout le sujet, tandis que les musculaires , se subdivisant selon les mouvements determinés à produire, se séparent des servants qui portent les aliments à toutes les parties. Aussitôt les os sont construits pour donner de la consistance à tout le corps, abriter les instinctifs et donner des attaches solides aux musculaires, tout en ménageant des genouillères desservies par les ligames ; les cordiaux donnent l'impulsion aux servants ; les pulmones aspirent l'air et les digestes combinent les aliments avec l'air pour approvisionner les servants. Tous ces animalcules, et bien d'autres que nous distinguerons à propos des vertébrés complexes, existaient à l'état rudimentaire dans les mollusques, mais confondus dans un mélange qui nous paraissait informe. Les appendices étant ajoutés par les variétés similaires qui existent dans les rampants, en raison des besoins de chaque espèce, nous avons dans leur entier les vertébrés complexes qui vivent sur la terre, qui nagent dans les eaux et qui volent dans les airs.

L'animal vertébré, dont l'organisation nous paraît complète, nous offre : les animalcules musculaires ou muscules, composant les chairs, logés dans leurs enveloppes à filaments aponévrotiques, et soumis aux ordres des instinctifs qui leur sont transmis par les fils nerveux afin d'exécuter les mouvements par leurs contractions, selon les directions déterminées par les attaches ; les servants constituant la masse du sang avec les aliments qui leur sont apportés par les cordiaux ; les pulmones et les digestes se répandant par les artères, en suivant la cadence imprimée par les animiques et les souffleurs, jusque dans les parties les plus fines et les plus délicates, pour réparer les forces des musculaires, alimenter tous les organes, entretenir la charpente osseuse, renouveler la peau et déposer leurs butins non absorbés dans les tissus graisseux, sauf à revenir par les veines dans les régions alimentaires ; enfin les instinctifs logés dans les cases du cerveau pour desservir toutes les facultés du sujet et imprimer les commandements par des courants magnétiques, dans l'intérêt de l'alimentation, du développement, de l'entretien, de la conservation et de la reproduction du sujet, auquel chaque animalcule, quelles que soient ses fonctions, est attaché par des intérêts communs et corrélatifs.

Ces animaux sont tellement complexes, la vie y est tellement disséminée, qu'il est difficile d'en séparer les animalcules constitutifs de leurs demeures, et de n'y voir autre chose que des corps organiques dans toute la force de l'expression. Les instinctifs y sont tellement unis et les musculaires tellement reliés, qu'il est impossible à un sujet divisé de former deux corps vivants. Quand on coupe la tête d'un canard les musculaires font bien encore marcher cet animal pendant quelque temps, mais la tête, pas plus que le corps, ne sauraient survivre pendant longtemps à la décollation. Cela peut nous prouver au moins que si les membres ont besoin de la tête pour vivre long-temps, la tête ne saurait avoir la moindre faculté sans les membres.

L'homme, cet animal raisonnable, animé par le souffle de Dieu, doué d'une âme intelligente, se présente à notre esprit comme le résumé et le complément de la création, au physique comme au moral.

Nous trouvons dans cet être la charpente osseuse carbonatée à stature droite ou verticale, qui est comme les pétrifications des coraux, avec des vaisseaux sanguins, semblables à ceux des végétaux; nous y constatons l'organisation des muscles, capables des mouvements les plus nobles, supérieurs à ceux des animaux complets; nous y admirons l'intelligence desservie par les agents du cerveau les plus prodigieux, et nous ne comprenons plus rien au-delà de cette âme qui est le chef de tout son organisme, si ce n'est Dieu qui l'a créée, après avoir constitué la terre comme il était nécessaire qu'elle fût pour son avènement.

La vie s'exerce donc dans les corps organiques sui-

vant des lois générales qui sont harmonieuses et uni-
formes, depuis le bas jusqu'au haut de l'échelle de
la création.

Chaque germe complet de reproduction d'un être
végétal ou animal, contient en lui-même les germes
des animalcules qui entretiendront son existence,
même ceux des animalcules qui auront pour mission
particulière d'en troubler l'harmonie, et surtout
d'en assurer la décomposition, pour en disperser les
éléments premiers, afin de les faire concourir à la
composition de nouveaux sujets.

Pendant leur existence les individus, comme leurs
composants animalculés, auront à subir les influen-
ces des animalcules indépendants qui sont attirés vers
les corps organisés, les uns pour contribuer indirec-
tement à leur santé, les autres pour rechercher leur
mort, hâter leur décomposition et assurer leur transformation.

Les âmes immatérielles se dégagent de la matière
pour rentrer dans le sein de Dieu et y subir les effets
de sa volonté, de sa justice et de sa toute-puissance.

Il est à croire que Dieu, perfectionnant toujours
son œuvre, se servira des belles âmes pour les faire
revivre avec plus de splendeur, tandis qu'il vouera à
l'opprobre universel celles qui, ayant abusé de leur
liberté, auront transgressé ses lois morales et divines
et contribué, sans nécessité, aux malheurs de leurs
semblables et aux souffrances des créatures les plus
chères qu'il leur avait données pour les aider dans
leurs travaux et les servir dans leurs plaisirs.

VI.

L'animalisme étant reconnu dans les végétaux et les animaux, les bases de ce système étant posées, il y a à en développer les principes et à en tirer les conséquences de manière à connaître notre conduite envers les corps organiques, à apprécier les effets particuliers de notre constitution et à diriger nos actions selon les intentions du Créateur.

Evidemment pour nous, les animalcules constituants des corps organiques n'ont pas de formes ni de dimensions fixes et déterminées. Un animalcule étant donné, il serait toujours possible de le décomposer jusqu'à l'infini en d'autres animalcules constitutifs des précédents, en outre des animalcules ennemis toujours disposés à les transformer.

Les divers phénomènes observés et les rapprochements opérés nous permettent d'admettre que les corps organiques, même les plus simples, sont composés d'animalcules en nombre considérable et en variétés différentes, ayant des fonctions spéciales pour chaque sujet, suivant les conditions de leur nature et les lois de leur existence.

Dans la ruche qui est pour nous le type premier, parce que les animalcules sont très-gros, parce que la demeure est simple et parce que les variétés sont très-visibles, nous distinguons, en outre des alvéoles céreuses, des butins distillés et des larves de reproduction, les animalcules neutres, les animalcules mâles et les animalcules femelles. Les neutres vont au loin chercher la nourriture nécessaire pour toute la colonie, les butins indispensables pour l'accroissement de la demeure, qui seront aussi les greniers en cas de disette et la nourriture des nouveaux-nés. Les mâles peuvent se borner à des fonctions fécondantes. Les femelles, avec les qualités de reproduction, doivent conserver la suprême direction et l'autorité sur tous les sujets. Tous se reposent pendant l'hiver et dorment pendant la nuit. Lorsque les composants d'une nouvelle colonie sont éclos et en état de vivre en dehors de la ruche-mère, ils partent sous la direction de leur reine, pour construire une nouvelle ruche.

Le polypier nous offre une organisation à peu près semblable, avec cette différence que les neutres restent attachés sur leur demeure et que les provisions sont toujours contenues dans les eaux ambiantes. Les mâles se disposent en couronne en forme de fleur et les femelles occupent le centre de ces fleurs. Après la fécondation, le fruit se détache pour aller se planter ailleurs et donner naissance à une nouvelle colonie sur un nouveau polypier. Il est probable qu'il n'y a pas de repos prolongé, parce que l'hiver n'existe pas pour les polypes, mais qu'il y a sommeil pendant la nuit, parce que la phase de l'action ne peut pas être continuée sans aucune interruption.

Les végétaux aquatiques et terrestres sont constitués de la même manière. Les animalcules neutres ou servants circulent avec la sève dans les moelles et

dans les tissus des branches et des racines, en cher-
chant leur nourriture dans le sol et les milieux liquides ou aériens, et en approvisionnant les cellules
avec leurs butins distillés. Les producteurs construisent les cloisons, développent les tiges, les feuilles,
les calices, les corolles, les pétales; les mâles poussent
les étamines pour se livrer à leurs plaisirs fécondants,
et les femelles s'épanouissent dans les pistils pour y
recevoir le pollen et détacher les germes fécondés.

Tous, excepté les veilleurs de chaque variété ou
annexes de ces variétés, dorment pendant la nuit. Il
en résulte pour ces végétaux la vie diurne et la vie noc-
turne qui produisent, par les aspirations et respira-
tions, des gaz différents.

Les animalcules des végétaux terrestres qui crai-
gnent le froid se retirent pendant l'hiver dans les
branches et même dans le sol, en abandonnant leurs
feuilles. Ceux des arbres verts se contentent de res-
serrer les pores des feuilles, sauf à renouveler les
feuilles au printemps, quand ils auront besoin de
profiter de tous les aliments que pourra leur offrir
l'atmosphère.

Lorsque les germes sont fécondés, les servants se
retirent des corolles pour faire pousser les fruits et
fournir des aliments abondants aux nouveaux sujets
qui doivent en sortir, lorsque le temps et les conditions de leurs transplantations seront convenables.

Souvent, dans un même arbre, les germes d'un
seul sexe se développent, tandis que les germes du
sexe complémentaire se développent dans un autre

sujet de la même espèce. Dans ce cas, la poussière fécondante voltige ou est portée à distance sur les organes reproducteurs par les vents, les oiseaux et les insectes voyageurs.

Si des variations subites de température surviennent lorsque la floraison est commencée, les animalcules femelles peuvent en souffrir au point de ne pouvoir reproduire pendant tout le reste de l'année. La multiplication des animalcules pouvant être assurée en dehors des conditions de reproduction du sujet, dans l'intérieur des bois, la floraison et la fructification peuvent être recommencées par les nouveaux sexuels lors même que ceux éprouvés auraient été détruits. Si les variations sont violentes et excessives, toutes les légions de la colonie peuvent être anéanties : dans ce cas, l'arbre périt pour devenir la proie des animalcules dévorants, décomposants et transformants jusqu'à son entière disparition.

Mais s'il ne survient qu'un petit accident, une entaille faite à l'écorce, aussitôt les servants accourent pour réparer la brèche avec leurs glutens, comme les abeilles se comportent à l'égard d'un trou opéré dans leur enveloppe. Si le tronc est coupé, les animalcules surpris dans les racines peuvent recommencer la croissance du sujet. Si une branche est détachée, ceux contenus dans cette branche, dans le cas où elle serait transplantée, peuvent pousser des racines et continuer sa végétation.

Les végétaux d'essences similaires vivent dans certaines régions à des hauteurs à peu près fixes, où le

sol et surtout l'air peuvent leur fournir les aliments
convenables. Si les terrains sont plus riches, en général la végétation est relativement plus abondante,
parce que les butins assimilables sont plus considérables.

Si les terrains sont composés d'aliments plus durs
et plus chauds, le bois n'en devient que plus solide
et plus durable. Une trop grande abondance de nourriture peut gêner les opérations de la reproduction
ou faire grossir démesurément les fruits aux dépens de
leur qualité.

Quoique les animalcules d'un sujet puissent se
multiplier en dehors de la reproduction, ils n'ont
cependant qu'une durée déterminée dans ce sujet.
Comme le polypier, quand ils ont poussé leurs
accroissements jusqu'à une certaine hauteur, soit que
l'air et le sol ne puissent plus suffire à l'alimentation
générale, soit que les chemins à parcourir soient trop
considérables, l'arbre dépérit d'abord par la pointe,
puis, de proche en proche, si on n'expulse pas les
parties livrées aux ennemis destructeurs, par toutes
ses branches et son tronc. En outre, lorsque l'arbre a
atteint un trop grand développement, les premières
couches approvisionnées autour de la moelle peuvent
entrer en décomposition, et, malgré les efforts faits
par les servants pour maintenir la circulation, donner
le signal de la ruine graduelle de tout le corps.

Les animalcules sont encore plus variés dans les
animaux et sont doués de facultés plus remarquables :
les servants circulent avec le sang pour l'approvision-

nement des organes et de toutes les parties essen-
tielles du corps ; les souffleurs font mouvoir les poumons ; les animiques entretiennent les mouvements
du cœur ; les muscules font mouvoir les membres ; les digestes décomposent les aliments et les font
passer dans la circulation ; les balayeurs expulsent
les sécrétions inutiles ; les instinctifs servent les instincts et donnent les ordres des actes importants,
tandis que les sexuels, presque toujours dispersés
dans des sujets complémentaires, recherchent les
rapprochements pour la reproduction des espèces.

Quand les animalcules sexuels d'une même espèce
se maintiennent dans un même sujet sans prédomi-
nance certaine de l'un sur l'autre, le sujet est her-
maphrodite. Si les sexuels dans les sujets se maintiennent en proportions compensées, il en résultera
des androgynes.

Toutes les variétés d'un même sujet sont condam-
nées au repos pendant un certain temps, de préfé-
rence pendant la nuit. Ceux de certains animaux
dorment pendant des mois entiers. Cependant, de
même qu'il y a des oiseaux qui dorment le jour et
veillent la nuit, il y a des animalcules dans chaque
variété qui ont reçu la mission de veiller pendant le
repos de leurs similaires diurnes. Le nombre de ces
nocturnes doit être moins grand que leurs diurnes,
parce que le travail est moins considérable, et parce
que, au besoin, ils peuvent réveiller tous les diurnes.
Les rêves sont les résultats des opérations isolées des
nocturnes instinctifs.

Chaque espèce vit dans des régions préférées, à cause de l'air, des aliments et de la chaleur qui ne sont pas identiques sous toutes les latitudes et à toutes les hauteurs.

Les végétaux semblent être la nourriture naturelle des animaux ; cependant, certaines espèces sont carnivores et d'autres sont omnivores.

Une nourriture.trop abondante, si les instinctifs ne savent commander la tempérance, engraisse certains sujets d'une manière défavorable à leur organisme. Dans ce cas, toutes les légions de la colonie se livrent aux délices de Capoue, perdent leur énergie et ne contribuent plus assez activement à la conservation et à la reproduction de l'espèce.

Dans l'homme, les légions sont au grand complet : en outre des animiques qui contribuent aux passions, facultés et penchants, des instinctifs qui veillent aux opérations ordinaires, il y a les intellects qui servent l'intelligence sous les ordres immédiats de l'âme immatérielle, ce souffle de Dieu qui est le chef et maître absolu de tout l'organisme du sujet.

Quoique l'âme commande en chef, quoiqu'elle ait droit de vie et de mort sur toutes les légions , elle ne doit rien ordonner qui ne soit bien entendu au point de vue des intérêts généraux. Toutes ces légions ont des intérêts particuliers qui doivent être satisfaits dans une mesure convenable. Lorsque la tête, qui est le siége de l'âme, et des intellects méconnaît les intérêts généraux, le corps est bientôt desservi par les légions lésées qui le livrent bientôt, en cessant leurs fonctions, aux ennemis internes et externes, qui l'attaqueront incessamment avec leur cortége de maladie, le saperont sans relâche et l'abandonneront aux dévorants et aux volatiliseurs. Si les animiques sont desservis par les intellects, c'est la révolte des sexuels contre le cerveau, c'est la démoralisation. Si les intellects cessent de subir la volonté du chef, c'est l'anarchie avec ses désordres ou la folie avec ses égarements.

Les musculaires ne peuvent se livrer à des efforts constants et prolongés, sans alterner leurs mouvements. Malgré ces repos alternatifs, ils ne peuvent travailler trop longtemps, quels que soient les aliments vivifiants qui leur soient apportés de la part des animiques et des intellects. La nuit les sollicite à un repos plus durable. L'âme ne peut le leur refuser, sans encourir des dangers pour les intellects et conséquemment pour toutes les légions. Pendant le sommeil, les nocturnes qui se reposent quand les diurnes sont en activité se chargent de la conservation du corps, de l'entretien des intellects et de la gestion générale de l'organisme. Ce sont ces veilleurs nocturnes qui président aux songes, achèvent les opérations intellectuelles et font agir le corps pendant le somnambulisme.

Quand les provisions sont abondantes, les servants accumulent les excédants dans les greniers cellulaires et dans les tissus mis à la portée des musculaires. Si le sujet est condamné à des jeûnes trop prolongés, les musculaires épuisent leurs approvisionnements et les

servants empruntent des secours dans ces dépôts. Si
l'abstinence dépasse certaines limites, lorsque les
provisions seront épuisées, les intellects se révolte-
ront, les animiques perdront courage, les servants ne
butineront que pour leur propre compte, les musculaires cesseront d'agir, les ennemis se réveilleront,
toutes les légions conservatrices mourront et l'âme
s'envolera. Alors les dévorants, toujours avides de détritus, se livreront à la décomposition, et les volatiliseurs opéreront la transformation du corps avec plus
ou moins de promptitude, en raison de la composition
des parties et des aides qu'ils pourront trouver dans
les régions ambiantes.

VII.

Les phénomènes physiologiques, envisagés à notre
point de vue, s'expliquent aisément. Nous ne pouvons les passer tous en revue avec l'ordre que pourraient réclamer les spécialistes. Pour compléter ce
que nous en avons dit, nous nous contenterons de les
décrire et de les expliquer comme ils se présenteront
à notre mémoire.

Maintenant que nous devons avoir bien compris les
animalcules qui entretiennent la vie des corps organiques, et que nous en admettons les quantités et
variétés innombrables, nous pouvons les suivre facilement dans les phases de leurs *fonctions*, en l'état
de santé comme en l'état de maladie.

Les végétaux semblent faits pour les animaux et les animaux pour les végétaux, c'est-à-dire que ces corps organiques paraissent être complémentaires et indispensables les uns aux autres dans un monde complet.

Les plantes prennent dans l'air, qui pourvoit à toutes les existences, les gaz qui sont impropres aux bêtes et dégagent ceux qui leur sont favorables, et réciproquement. Les gaz dégagés pendant le jour, ou la phase de l'action, ne sont pas les mêmes que ceux dégagés pendant la nuit, ou la phase du repos, parce que ce ne sont pas dans un sujet les mêmes animalcules qui entretiennent la vie pendant le jour et pendant la nuit.

Il semblerait que les animaux ne devraient vivre que de végétaux, et les végétaux que de détritus d'animaux. S'il en était ainsi, les corps d'animaux, morts avant de pouvoir être utilisés par les végétaux, seraient une cause de perturbation pour les survivants.

Nous pensons, nous, que les végétaux et les animaux ne forment qu'une même échelle, que les uns sont en bas et que les autres sont en haut, que les uns sont esclaves des autres et leur servent de pâture ; mais que tous sont la proie des animalcules invisibles, jusqu'à ce qu'ils soient volatilisés et puis transformés.

Cependant, nous ne devons pas perdre de vue l'inimitié qui existe essentiellement entre les animalcules végétaux et les animalcules animaux. Les sujets d'un même règne peuvent vivre ensemble, tandis que ceux de règnes différents ne peuvent pas séjourner en même temps par incorporation, sans qu'il en résulte des troubles graves et souvent la mort pour tous.

Dans le but général de la création, les végétaux dont nous nous occupons paraissent principalement avoir mission de transformer la matière en corps organiques, en lui arrachant de proche en proche, par décompositions successives, toutes ses parties pour les faire entrer dans le courant des transformations organiques.

Plus les végétaux se nourrissent de germes et de détritus organiques, plus ils sont propres à la nourriture des animaux, moins ils sont solides et durables.

Les rapports qui unissent les animalcules végétatifs dans chaque sujet nous paraissent ceux d'une constitution républicaine. Les individus y butinent pour leur propre compte, en contribuant, dans les limites de leurs forces et de leurs facultés spéciales, au développement, à la conservation et à la reproduction de leur patrie.

On peut faire vivre un arbre sur un arbre, en ayant soin de prendre pour greffe une partie qui contienne tous les éléments constitutifs des tiges, feuilles, fleurs et fruits, qui se trouvent ordinairement réunis dans un œil à fruit. La jonction doit être établie de manière à favoriser le passage des servants de l'un dans l'autre. Les producteurs et les sexuels étant servis, continueront leurs fonctions comme ils l'auraient fait dans l'arbre dont ils ont été détachés. Si les sujets entés les uns sur les autres ne sont pas d'essences à peu près semblables, leur réunion ne pourra donner de bons resultats, parce que les servants du tronc ne pourront pénétrer dans le tissu des intrus pour les assister dans leurs fonctions spéciales.

Quand on pince fortement une tige, les animalcules accourent pour réparer la brèche. Suivant la nature du dégât, ils disposeront leurs travaux pour pouvoir continuer la tige ou pousser de nouveaux jets sur les côtés des cicatrices.

Les animalcules qui servent ne sont pas les mêmes que ceux qui construisent et fructifient. Si on surcharge le travail des uns, on doit troubler les forces du sujet et hâter sa ruine. Si on se contente d'arrêter dans une juste mesure les producteurs, on peut augmenter les aliments des fructificateurs.

Chaque espèce d'arbre produit du bois, des feuilles, des fleurs et des fruits. Tous les sujets, le plus généralement, tendent à monter d'abord verticalement, sauf à s'étendre latéralement, suivant les forces, pour occuper le plus d'espace possible. Ils dérogent à cette loi générale, quand les espaces sont déjà occupés; alors ils se développent dans toutes les directions possibles, pour pouvoir prendre part à l'air et à la lumière dans de bonnes conditions.

Il semble résulter de cela que les végétaux ont des instincts et que les animalcules qui les constituent ont des sens organiques.

3

Tont le monde sait que chaque année les arbres s'accroissent par une couche circoncentrique de bois, extérieurement ou intérieurement, selon les essences. Les nouvelles couches contiennent les larves des animalcules constituants, et, avec ceux-ci, les germes des destructeurs. Les vieilles couches, quand elles sont débarrassées de ces éléments de vie, se transforment en bois purs et sains.

Les animalcules de mousse et autres parasites peuvent bien croître sur les écorces d'autres sujets, en empruntant pour leur nourriture les excréments rejetés par ceux-ci. Souvent ces parasites pénètrent jusque dans le bois pour s'emparer des aliments emmagasinés.

Le moindre animal ne peut pas vivre dans un végétal, sans qu'il y apporte le trouble ou la mort, à moins que les animalcules végétatifs ne parviennent à l'envelopper dans des galles, des excroissances indépendantes, ou à l'expulser entièrement.

Quand un arbre est coupé au pied du tronc, les animalcules surpris dans l'arbre peuvent continuer pendant un certain temps, avec les butins accumulés, l'accroissement des tiges et la production des feuilles, fleurs et fruits. Seulement, dès que les dernières provisions sont épuisées, ces animalcules constitutifs meurent pour livrer le champ libre aux dévorants et aux transformateurs.

Un arbre qui meurt sur pied est bien plus vite fusé, abandonné et dévoré qu'un arbre qui est subitement abattu.

Si on veut se servir des bois pour les constructions, avec des chances de conservation , il importe de choisir le temps et de prendre des précautions.

D'abord, si la nouvelle lune favorise par ses forces attractives la multiplication des animalcules, il importera de couper en vieille lune, parce que les conditions de l'éclosion seront rompues avant le temps nécessaire.

Pendant l'hiver, lorsque toutes les légions réduites en nombre se reposent, la coupe des bois doit être plus favorable que pendant l'été. Si cette coupe est opérée lorsque les larves de la grande multiplication sont assez avancées pour éclore après l'abattage, il est à craindre que tout le bois ne devienne leur proie aussitôt après l'incubation.

Dans tous les cas, pour pouvoir employer les bois avec le plus d'avantages possibles, il y a à laisser écouler la sève pour que les animalcules soient expulsés avant qu'ils aient butiné et produit de nouvelles larves. On ne négligera pas d'enlever l'écorce et l'aubier pour faire disparaître les refuges les plus commodes de toutes les légions amies ou ennemies. Il y aura encore à ouvrir les bois par la moelle qui est le refuge intérieur, afin que les animalcules vivants ne conservent plus aucun espoir dans leur sujet, pour se disposer à user de tous les moyens de sauvetage que la nature pourra leur offrir.

La force musculaire des animalcules des végétaux est considérable. Nous les voyons monter avec la sève à des hauteurs très-élevées et pénétrer dans les roches les plus dures; nous les avons vus déplacer les pierres des monuments pour y loger leurs racines avec les bases de leurs troncs, et renverser des murs voisins qui gênaient leur accroissement.

Il y aurait beaucoup à dire sur les sexuels dont les deux genres habitent le même sujet, ou sont développés séparément dans deux sujets complémentaires. Nous aurions à admirer les fleurs, ces lits de leurs amours, aux formes ravissantes, aux couleurs splendides, et à savourer leurs fruits dont chaque grain a été distillé par leurs soins, comme le miel par les abeilles ; ce serait trop pour nos forces. Nous nous bornons à renvoyer les amateurs aux ouvrages spéciaux, en les priant de ne les parcourir qu'avec le souvenir des animalcules, afin de pouvoir en saisir et admirer plus facilement toutes les merveilles.

VIII.

Nous avons vu que les végétaux sont indispensables aux animaux puisqu'ils leur préparent des aliments, dégagent des gaz salubres et absorbent les gaz insalubres, quoiqu'ils soient leurs ennemis naturels.

Les animalcules des animaux sont en plus grands nombres et en qualités plus élevées que ceux des végétaux. Nous avons remarqué que ceux-ci montrent des traces d'instinct et des sens, par leurs développements et leurs plaisirs ; à plus forte raison nous ne refuserons pas à ceux-là les instinctifs et les sensuels qui les guident dans leurs opérations organiques.

La constitution des animalcules animaux nous paraît être aristocratique. Les instinctifs en sont les chefs absolus. Les sensuels sont généralement dévoués et soumis.

Si les végétaux ne suffisent pas à leur nourriture, les animaux se livrent à la chasse de leurs inférieurs; quelques espèces qui offraient des aliments faciles et recherchés n'ont pu se maintenir dans les lieux où elles trouvaient leurs moyens d'existence.

Tous les sujets animaux ont été déterminés en genres, en espèces et en variétés. Cependant la nature peut apporter des modifications en raison des climats, des milieux et des conditions de nourriture. Ainsi les animalcules visuels et auditeurs, dans des animaux faibles, peuvent disposer leurs organes pour voir et entendre plus facilement en fuyant leurs ennemis.

Après la chute de l'homme, tous les animaux qui ne se sont pas trouvés dans de bonnes conditions d'organisme sont devenus rares, ou ont disparu. Si l'homme continue à abuser de son omnipotence sur la terre, il est probable qu'il en chassera encore bien des espèces et qu'il finira avec ses engins et ses artifices par expulser de son globe tous ceux qu'il jugera inutiles ou dangereux, à moins que les petits insectes volatiliseurs ou pestifères nés d'abattis inutiles ne sachent y mettre ordre.

Les animaux sauvages jouissent de la plénitude de leurs facultés préservatrices et reproductives; leurs animalcules sont sobres et attentifs ; les veilleurs sont continuellement sur le qui-vive ; les maladies les atteignent rarement.

Les soins que les hommes prodiguent aux animaux domestiques, les détournent souvent du but de leur nature ; réduits à l'état d'esclaves, leurs animalcules instinctifs deviennent paresseux et attendent le commandement de leurs maîtres. S'ils se désespèrent, ils provoquent l'insubordination qui n'est pas durable, à moins qu'ils ne se révoltent en amenant le vertige.

Les sensuels qui ont des missions importantes à remplir, puisque la reproduction de l'espèce en dépend, dictent impérieusement leurs lois. Les sujets ne sauraient, sans de graves désordres, s'y soustraire trop longtemps. On croit trouver là la cause de l'hydrophobie spontanée qui doit être le développement subit d'ennemis rageurs.

Pousser vigoureusement les animaux dans des travaux pénibles, c'est vouloir détruire en eux leurs musculaires qui cesseront bientôt de faire mouvoir les membres. Quand ils se dérobent sous le commandement, si ce n'est pas le fait de la mauvaise volonté des instinctifs, il y a à user de ménagement. Les animaux soumis à notre empire sont autant de bonnes machines qu'il nous importe de connaître, de soigner et d'utiliser, en leur abandonnant la liberté de leurs jouissances particulières, toutes les fois que les conséquences ne peuvent pas nous être préjudiciables.

Les instinctifs n'ont pas pour les animaux les inconvénients des intellects des hommes ; leurs mala-

dies sont beaucoup moins nombreuses, comme une
machine simple est moins sujette à se déranger qu'une
machine compliquée. Quant aux accidents, les effets
sont à peu près les mêmes chez tous les animaux.
Cependant, dans certaines espèces, les animalcules
ne se contentent pas de réparer les dégâts, ils recon-
struisent en entier des membres enlevés.

On pourrait vraisemblablement améliorer certains
sujets et diminuer leurs maux par le contact de
sujets vigoureux et par des transfusions de sang dans
des conditions qui pourraient découler de la connais-
sance parfaite de l'animalisme.

IX.

L'homme, comme machine vivante, n'est qu'un
animal très-complet ; considéré par son intelligence,
c'est un animal raisonnable qui occupe le sommet
de l'échelle de la création et qui en est le résumé
tout entier.

Les animalcules de l'homme paraissent être régis
par les lois d'une monarchie constitutionnelle. L'âme
est le roi ; les intellects sont les ministres, et les
animiques, les aides de camp. Chaque individu qui
souffre a des aboutissants jusqu'au chef, en lui
transmettant les impressions de ses douleurs. Tous
sont intéressés à l'accroissement, à la conservation,
à la bonne gestion et à la reproduction du corps entier.
Nous ne voyons dans les animaux de monarchie ab-

solue que dans les ruches d'abeilles où la reine est de
nature différente et supérieure à celle des neutres.

Le mécanisme de l'oiseau, avec ses ailes, peut nous
paraître supérieur à celui de l'homme ; nous regret-
tons dans nos rêves de ne pas voir nos bras changés
en volants puissants ; mais notre raison nous dit
qu'il fallait que notre planète fût occupée et cultivée
et qu'elle ne pouvait l'être que par son maître. En
effet, il eût été difficile de nous maintenir dans toutes
les régions, si nous avions pu librement parcourir
les espaces et nous soustraire aux lois. Puis, pour
voler il faut des plumes ; avec de telles cou-
vertures comment contracter avec plaisir ces amours
intimes et prolongés de sexes différents, qui sont
les bases de la société et les conditions essen-
tielles de la conservation et de l'accroissement de la
progéniture, qui a besoin pendant assez longtemps du
concours de ses auteurs.

Dieu nous condamnant au travail et à la multiplication, ne pouvait le faire dans des conditions plus
favorables, qu'en nous découvrant notre nudité. Ainsi
tous nos animalcules coopèrent à nos travaux et
prennent part plus directement à nos plaisirs.

Nos têtes et certaines parties trop exposées aux
frottements avaient seuls besoin d'être ombragées ;
nos dermes y ont pourvu. Si l'homme se trouvait
placé dans de telles conditions qu'il ne pût ni se vê-
tir, ni endurer les rigueurs du climat, il est à pré-
sumer que les poils dont les principes sont épars

sur tout son corps se développeraient convenable-
ment.

Quand nous voulons redresser les végétaux, nous
remarquons que les animalcules ne s'y opposent pas
trop fortement et continuent leurs travaux malgré
les tourments et changements que cela peut leur
procurer. On pourrait croire que les animaux pourraient changer leurs allures. Nous voyons des chiens
qui marchent droit aussi bien que les singes. Notre
croyance dans les animalcules constitutifs des corps
organiques nous pousse jusqu'à ne pas douter que,
si un crétin était condamné à marcher constam-
ment à quatre pattes, les animalcules musculaires
modifieraient ses bras pour lui faciliter ses mouvements.

Les intellects et les animiques sont très-nombreux
chez l'homme ; il n'est donc pas étonnant de le voir
assailli par des maladies de toute espèce.

Pour peu que les intellects ne soient pas en harmonie avec les animiques ou les instinctifs, il en résulte
des dégoûts qui amènent des marasmes désastreux.
Si les intellects fatigués ne s'entendent pas entre eux
ou refusent l'obéissance à l'âme, c'est la folie ; si les
intellects sont gênés dans leurs actions par quelques-
uns des leurs, empêchés, c'est la fièvre cérébrale ; si
des animalcules étrangers ou ennemis pénètrent dans
le corps, ce sont des dérangements dans l'organisme, ou des fièvres de toute espèce. On n'en fini-
rait pas si on voulait chercher les causes des mala-

dies qui ne sont pas directement attachées à notre
sujet.

Les végétaux qui peuvent germer ou s'introduire
dans les corps doivent être paralysés ou expulsés par
l'énergie vivement provoquée des animalcules organiques, ou dévorés par des arômes d'essence ani-
male, toujours parce que les végétaux et les animaux
ne peuvent pas vivre incorporés ensemble dans un
même sujet.

Lorsque nos membres sont frappés ou choqués, les
animalcules qui ont à en souffrir nous transmettent
leurs impressions afin que les sujets de leurs alarmes
soient éloignés ou évités.

Si des musculaires et des sanguins meurent par le
fait de refroidissement ou par d'autres actions étran-
gères, il importe qu'ils soient expulsés ; alors les survivants les ramassent dans des tumeurs pour opérer
leur expulsion; s'ils n'y parviennent pas, il résulte
pour le sujet des douleurs persistantes ou tempo-
raires.

Si nos animalcules diurnes se sont fatigués, les nocturnes peuvent leur venir en aide et continuer le travail pendant la nuit, en des rêves extraordinaires ;
si les nocturnes ne se contentent pas de marches et
contre-marches exécutées sans changer de place, pour
livrer notre corps à des mouvements effectifs, il en
résulte l'état de somnambulisme. Les sujets qui en
sont atteints possèdent dans toutes les parties de leur
organisme, des nocturnes en grande quantité, qui ne
peuvent se résoudre à des veillées tranquilles. Le tra-

vail de ces nocturnes n'est pas préjudiciable aux forces des diurnes, qui dorment aisément pendant les prouesses de leurs congénères, comme nous le faisons quand nous sommes entraînés par un char attelé de quadrupèdes agiles.

Pour des marches continues, les diurnes peuvent insensiblement se relayer par les nocturnes et réciproquement. On ne peut pas expliquer autrement les progressions de certaines troupes endormies et de certains sujets isolés, qui continuent leur marche, malgré le sommeil qui les accable.

Les animalcules visuels peuvent se reporter sur un seul œil, a défaut du second, pour y suppléer efficacement ; ces animalcules, en cas d'aveuglement, peuvent même guider le sujet par une vue intuitive qui, chez certains aveugles, paraît tenir du prodige. Il en est de même pour la surdité.

Quand les animalcules des mouvements travaillent exclusivement, les intellects s'atrophient et les animiques deviennent bestiales ; si ce sont les intellects qui agissent sans exercice suffisant du corps, les musculaires s'engourdissent et la machine ne fonctionne même plus pour son service ordinaire ; un travail excessif des moraux et des physiques, conduit à l'épuisement et à l'hébètement.

Une nourriture habituellement trop abondante et déréglée prédispose à l'oisiveté, à la paresse, à l'obésité et à l'impuissance morale et physique.

Les sexuels sont exigeants et capricieux. Quand ils manifestent fortement leurs besoins ils nous condui-

sent jusqu'à l'aveuglement et à la démoralisation ;
leurs caprices nous inspirent l'abandon de personnes
chères et nous font rechercher des rapprochements
autres que ceux conseillés par les intellects et impo-
sés par les lois.

Dans le rapprochement des êtres de sexes différents, il y a à tenir compte des sympathies et anti-
pathies des animalcules similaires et complémentaires. Dans une union où l'on n'aurait tenu compte que
des calculs des intellects, sans consulter les animiques et sans éprouver les sexuels, on serait exposé à
des répulsions haineuses, à des reproductions bi-
zarres ou à des impuissances absolues.

Nous n'en finirions pas si nous voulions parcourir
toutes les situations heureuses et malheureuses de
notre existence, pour y voir la part qu'y prennent
nos animalcules. Chacun de nous, en s'appuyant sur
les bases du système de l'animalisme, pourra en tirer
toutes les conséquences et guider sa conduite de manière à obvier aux troubles qu'il reconnaîtrait et à
donner satisfaction, dans une juste mesure, aux exi-
gences de son organisme moral et physique.

X.

Nous ne comprenons pas la mauvaise grâce des
hommes superbes faite à l'animalisme, en face de
cette pensée que nous ne sommes, quant à l'organisme, qu'un composé d'insectes avec lesquels il
est opportun de compter.

La belle planète vue dans les cieux nous paraît radieuse et sans tache ; cependant, elle est un composé d'éléments aussi divers que ceux de notre terre, et la lumière dont elle brille, qui nous cache ses constituants, est une lumière réfléchie, qui ne lui appartient pas, qu'elle reçoit du soleil.

Le grand palais qui fait notre orgueil n'est lui-même qu'un assemblage de matériaux divers, dont les ornements cachent les jonctions pour simuler l'homogénéité.

Un train de chemin de fer, qui nous semble tout un dans sa marche rapide, se compose cependant de locomotive, de tender, de wagons de voyageurs, de fourgons de bestiaux et de gondoles de marchandises. Les wagons contiennent, cachés dans leurs enveloppes peintes et lustrées, des milliers d'individus qui comptent dans cette organisation, quoique leurs administrateurs ne fassent pas plus de cas d'eux que nous de nos animalcules organiques.

La locomotive elle-même, de forme de machine infernale, n'est qu'un composé de parties qui, considérées isolément, seraient encore très-ingénieuses et dignes d'attention.

Le corps de l'homme est certainement un composé d'os, de muscles, de nerfs et d'autres choses qui sont si bien ordonnés dans leur ensemble qu'ils passent inaperçus. Les détails ne sont désagréables à voir et à étudier que pour les enfants et nullement pour les personnes qui observent sérieusement.

Jusqu'ici, on n'avait envisagé les animalcules dans

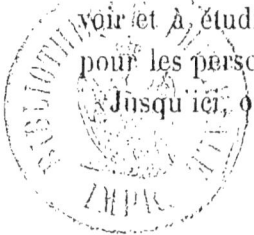

nos corps que comme des ennemis microscopiques qui étaient toujours disposés à nous dévorer. Nous voulons bien qu'on n'oublie pas ces légions morbifiques qui sont dangereuses, mais nous préférons nous attacher à nos légions constituantes, qui ont mission de nous faire vivre en santé et de tenir leurs antagonistes à l'état de germes ou d'esclaves, tant que nous leur accordons les soins nécessaires et que nous dirigeons notre barque de vie avec les ressources pures de notre intelligence.

Que pourrait-on penser de ce colonel de régiment qui, dans tous les actes de ses trois mille hommes, sur lesquels il a un pouvoir absolu, ne voudrait jamais voir que sa personne? Nous ne cesserions de lui dire : « Vous êtes le chef absolu du régiment, à la condition expresse de ne pas oublier qu'il se compose de colonel, de chefs de bataillon, de capitaines, de lieutenants, de sergents et de milliers de soldats, qui ont tous vie comme vous et qui ont tous des fonctions à remplir, en se conformant à vos ordres, qui ne doivent être donnés qu'en vue de la conservation générale et de l'accomplissement du but de son organisation. Par conséquent, vous avez à pourvoir à sa nourriture, à son entretien, à ses exercices, à son armement, à ses approvisionnements et à son recrutement. Pendant le sommeil du corps entier, vous avez à faire monter la garde par des veilleurs, à entretenir les forces vives et à tout disposer pour un prompt réveil, afin qu'il ne puisse jamais être surpris. Vous avez encore à consulter le goût de vos hommes pour l'accomplissement de leurs actes individuels, et à ne jamais penser que vous êtes seul, et que, lorsque vous êtes satisfait, votre régiment doit l'être également. Si chaque membre doit diriger ses principales actions en vue du bien général, cela ne peut être qu'à la condition que vous, le chef, le colonel du régiment, dans tous vos ordres et dans toutes vos opérations, ne perdrez jamais de vue la conservation, l'honneur et la gloire du drapeau. »

Tel est notre organisme en face de notre amour-propre. Tels sont nos devoirs en face de nos composants. Telle est notre condition d'existence qui n'a rien d'effrayant, ni rien d'humiliant, et qui nous charme, en nous montrant le grand intérêt que nous devons trouver dans la vie.

Telles sont les lois du mouvement des corps organiques et leurs principales conséquences, dont nous avons à nous pénétrer, afin d'y trouver, avec la force de notre âme et les ressources de nos intellects, des guides certains dans nos études et dans les opérations qui peuvent nous être imposées par la nature, en santé comme en maladie, en isolement comme en société, en face de nous-mêmes comme en présence de Dieu.

ALFRED BERRUYER.

Le 5 septembre 1866.

2847. Imp et lith. Maisonville.

60

www.ingramcontent.com/pod-product-compliance
Lightning Source LLC
Chambersburg PA
CBHW050531210326
41520CB00012B/2530